U0248443

轻·客厅   深圳市博远空间文化发展有限公司 主编

JUST RELAX:
LIVING ROOM

华中科技大学出版社
http://www.hustp.com
中国·武汉

PREFACE
序言

人类应该诗意地栖居。

从茹毛饮血的远古时代到对天地家的简单想象，从基本的居住要求到对空间的大胆探索，人们对于美好生活、幸福家居的渴望、追求和实践从未止步。《建筑十书》的作者维特鲁威认为：建筑是所有艺术中居于第一位的艺术。如果说上帝是世界的总建筑师，那么建筑就是人类智慧和创造力的神。

智慧让地球上开出最美的花朵。

当代的家庭装修，无论从前期的设计、施工、工艺、管理，到后期的软装配饰、色调搭配，都已经发展到了相当成熟的阶段，且具有延展性和多元化。

随着生活质量和人均消费水平的提升，人性化家装和消费者的情感诉求成为了家庭装修中最为重视的话题之一。如今"家"作为人类最根本、最舒适、最安全的归属地，已经超越传统的"马斯洛需求"，成为形神兼具的心灵栖息地。

但是，如何才能把天马行空的想象付诸实践，打造属于自己的腔调客厅？

新家居时代有新配方。想要扮靓我们的客厅，前提是沟通、融合与对美好事物的良好认知。透过设计师的画笔，看到我们自己理想中的模样，针对房屋空间的不同构造、不同风格，从功能性和使用空间出发，让完美客厅的梦想——照进现实，让这里成为分享我们人生的喜怒哀乐、留住每一次精彩与感动的场所。

在这之前，我们要先了解，在客厅的设计和装修中有哪些要素和基本要求。

看似简单的客厅装修，其实有着诸多的要求和注意事项。客厅一般可划分为会客区、用餐区、学习区等。会客区应适当靠外一些；用餐区接近厨房；学习区只占居室的一个角落。在满足客厅多功能需要的同时，应注意整个空间的协调统一，各个功能区域的局部美化装饰，以及服从整体的视觉美感。

客厅是家居中最主要的公共活动空间，不管是否做人工吊顶，都必须确保空间的高度。这个高度是指客厅应是家居中空间净高最大者（楼梯间除外），这种最高化包括使用各种视错觉处理。

在室内设计中，必须确保从哪个角度所看到的客厅都具有美感，这也包括主要视点（沙发处）向外看到的室外风景的最佳化。客厅应是整个居室装修最漂亮或最有个性的空间。

客厅应是整个居室光线（不论是自然采光或人工采光）最亮的地方，当然这个亮不是绝对的，而是相对的。

在客厅装修中，您必须确保所采用的装修材质，尤其是地面材质能适用于绝大部分或者全部家庭成员。例如在客厅铺设太光滑的砖材，可能就会对老人或小孩造成伤害或妨碍他们的行动。

客厅的布局应是最为顺畅的，无论是侧边通过式的客厅还是中间横穿式的客厅，都应确保进入客厅或通过客厅的顺畅。当然，这种确保是在条件允许的情况下形成的。

客厅使用的家具，应考虑家庭活动和成员的适用性。这里最主要的考虑是老人和小孩的使用问题，有时候我们不得不为他们的方便而作出一些让步。

采用什么色彩作为基调，应体现主人的爱好。一般的居室色调都采用较淡雅或偏冷些的色调。向南的居室有充足的日照，可采用偏冷的色调，而朝北居室可以用偏暖的色调。色调主要是通过地面、墙面、顶面来体现的，而装饰品、家具等只起调剂、补充的作用。

希望这本书可以为您的客厅设计带去一些专业的指引和借鉴，打造属于您和家人的温馨健康家居，让您的客厅更有腔调。

CONTENTS
目录

暗调唯美 Gothic Feeling

色彩就像诗歌，也能沉郁顿挫。谁说暗调一定压抑，谁说冷色不能绝美？
暗调的唯美，把诗意的韵脚藏在冷艳之间。将冷色稳重而坚定、深沉而高贵的视觉特色挥毫纸上，一目了然。绝世独立的黑色，自然古朴的褐色，华贵典雅的紫色，它们就是设计的主角，占据最突出的视觉位置，又与周边的一切浑然一体，让世间不再有孤僻的色彩。

● 黑色的皮革质地，与暗红的丝绒触感相辅相成；另一端的两张皮椅，仿佛鲜明对比的黑白
精灵。红与黑，黑与白，视觉冲击对比之下，美就是让人震颤。

1. 温暖柔和的灯光，沉郁冷艳的家私，两相碰撞，却毫无冲突之感。两盏黑中透亮的特别台灯，更把这一风格发挥到极致。

2. 暖色的基调，暗调的搭配。当你需要暖色的轻抚时，黑色使它更加明媚；当你偏好冷色的沉静时，橘色令人更加松弛。

3. 视角再放大，细节再繁密，也绝无杂糅之感。每一个或暖或冷的色块都恰到好处地安置着，仿佛天空与峡谷，光晕与大地。

1. 在这个完全由线条串起平面的空间中，结构的含蓄使之退居二线，黑褐两色成功抓住人们的视线。木几上风格古拙的装饰品，为客厅环境装点了文化气质浓厚的情趣。

2. 移步换景，墙上精美细腻的雕花映入人们眼帘，如同在黑夜里守望白昼的雪中梅，无声之处透着大雅。

3. 高点全景之中，人们看到的依然是毫无矫饰的简洁与完整。星星点点的装饰，却不甘委身角落，稍一显身，就被周围纯粹而含蓄的色调烘托成画面主角。

○ 1. 甫一入眼，人们只能看到室内复杂的几何图形和斑驳的光影效果。然而，仔细品味，光亮看似闪耀实则无形，为其定型的暗色框架才是设计中真正的脊梁。

○ 2. 这间挑高大厅，金碧辉煌，雍容华贵，贵胄之气呼之欲出。然而，整间大厅中，最醒目最让人过目不忘的却是背景中的黑色。这面黑色的大幕，部分吸收了原本华丽到晃眼的光芒，起到了恰到好处的中和作用。

1. 黑白灰的经典搭配永远不会过时。黑色的皮革沙发和抱枕在纯木色的沙发背景墙映衬下纯粹、优雅，同样一块简单大方的木色电视背景墙中镶嵌一方纯平电视，与沙发遥相呼应。

2. 这是一个带有冷艳都市气质的客厅，似一个神秘妖娆的风情女子，撩动都市的夜色情怀。金属桌脚的黑色新古典茶几托在紫罗兰色的毛绒地毯之上，高贵而又神秘。黑色的小巧沙发上散落着点缀亮片的刺绣抱枕，精致确不失内敛。

3. 灰白基调的沙发背景墙似一张优雅的古建筑素描，格调非凡，彰显主人的独特品位。一只纯白色陶瓷猫的饰品以妖娆慵懒的姿态趴在客厅的黑色茶几上，脖子上的一根金属链条在桌面逶迤。几分神秘性感，令人浮想联翩。

○ 1. 深色的茶几、地毯、沙发，以及深色木质电视背景墙让整个客厅空间沉稳大气却略显沉重。于是，一盏轻灵唯美的水晶吊灯点缀在空间的上方，六边形的几何图形组合成一条不规则的立体曲线，从电视背景墙的地面一直延伸到客厅顶部，直至沙发背景墙，充满创意的设计让整个空间新颖灵动，别具一格。

○ 2. 两张沙发，一张茶几，一块地毯，便可以分割出一个奢华气派的客厅空间。黑色皮革沙发厚重沉稳，陈年的红木茶几托在一方高档地毯上，显示主人的大气和内涵。

○ 3. 黑色的沙发在水晶吊灯的柔美光线下反射着优质皮革的光泽。米色的茶几造型简洁大方、光洁如玉，与同样米色的天花吊顶相呼应。

○ 1. 米白色的键盘造型电视背景墙立体别致，与浅棕色的皮革沙发相映生辉。水晶吊灯在纯色的天花上投下昏黄的光晕，与周边的黄色隐形光源和谐交融，让整个客厅金碧辉煌。

○ 2. 这是一个小巧别致的客厅。宽窄不一的木条装饰让沙发背景墙独具匠心。人物头像印制的抱枕斜倚在黑色皮革沙发上，别具情调。

○ 3. 金色的立体电视背景墙凸凹有致，在上方壁投光源的映衬下愈发耀眼夺目，令人眼前一亮，成为整个客厅的惊艳之笔。搭配简单的黑色茶几和雪白的沙发，丝毫不会喧宾夺主，显得大方别致，重点突出。

1. 一整面沙发背景墙设计成开放式展示柜，黑白相间的不规则分割框别致新颖，充满创意，兼具功能性和装饰性。为避免视觉上的凌乱感，沙发和茶几都选择了简约素净的款式，让整个空间雅致不凡。纱质的米白色落地窗帘轻盈飘逸，上方内置的光源形成一条如银河般的光晕，让空间更加朦胧飘渺。纯白色编织花篮清新素雅，增添柔和气氛。

2. 简约宁静同时带有低调艺术气息的客厅空间。黑色皮革格调沙发，背景墙上是古典音符的装饰画，而电视背景墙巧妙地置于半开放式的储物柜上，达到功能性和美观性的完美统一。一方薄砚素雅洁白，让整个空间愈发宁静。半透明的落地窗帘透进象牙白的淡淡天光，在保护了空间私密性的同时，点燃一缕温婉柔美的馨香。

3. 时尚的都市空间，散发着冷艳的光芒。优雅的黑白灰和谐地交融在空间中。皮革沙发、大理石电视背景墙、银色艺术雕塑，不同的材质却散发同一种冷艳低调的气质，似一曲爵士慢调，在空间浅吟低唱。

1. 木质条纹的沙发背景墙散发红木的光泽，古朴而大气。壁投光源照亮木质墙面，纹理毕现，更显岁月悠远。米白色的漆皮沙发在天花灯光的照耀下深沉优雅。

2. 简洁素雅的电视背景墙与朴素的红木地板形成空间的呼应。上方一排零星点缀的嵌入式小壁灯发出灿若星辰的光芒。天花吊灯似两只沙漏交叠在一起，简约别致，颇有特色。黑色皮革沙发以欧风壁纸为背景，搭配上方的壁投灯光，整个客厅大气优雅。

1. 银粉色的欧风壁纸铺陈整面墙壁，搭配暗粉色的沙发抱枕，让整个空间温馨甜美。乳白色的吊顶垂下奢华的水晶灯饰，华美动人。黑白组合的茶几经典优雅，配上一盏蕾丝灯罩的复古台灯，优雅华美的气质自然流露。

2. 淡蓝色分割镜面的运用让沙发背景墙变成一个神秘的仙境，折射出一室的雍容华美。深蓝色的天鹅绒沙发搭配纯白色的简约方桌，再加上一方随意铺陈的地毯，一种低调的奢华在空间弥漫，如红酒般优雅醉人。

3. 灰色的沙发及抱枕组合低调温暖。黑色的地毯上一方黑色的茶几，彰显主人的大气沉稳。沙发背景墙是一面造型独特的隔断墙，加以镜面的镶嵌和内置壁投光源，优雅非凡。

1. 客厅和餐厅一体的设计让空间豁然开朗，视觉上更加宽敞明亮。中式摇椅质朴大方，天花和光源的设置同样简约大气，整个空间恰似"君子之交淡如水"，内敛而不张扬。

2. 这是一个简约素净的空间。米黄色的墙体和地板搭配褐色的墙线装饰，看似简单至极，却颇有设计妙笔。黑色哑光镜嵌入墙体内的设计新颖独特，富有装饰性的艺术美感。电视背景墙的上方利用嵌入式光源投射光影幻象，下方砌墙式简单搁板，银色雕塑装饰，这一切都让空间在简约大方中透着朦胧温馨的气息。

3. 这是一个相对窄长的客厅空间，因此大幅镜面的运用可谓妙笔，不仅在视觉上延展了空间的相对宽度，同时利用光线的反射巧妙制造富有层次感的客厅景致。电视背景墙选用大理石，光滑的材质给人以清爽感觉。简约大方的布置也让空间在视觉上扩大不少。

1. 温暖的深灰色沙发和抱枕给人以家的柔软舒适之感，米白色的天花和电视背景墙形成立体空间的呼应。吊灯的设计颇具特色，以三个黑色立方体为灯罩，内置白色光源，小巧玲珑，十分别致。

2. 巨大的落地窗给人无限开阔的视觉享受。与众不同的电视背景墙成为整个客厅的视觉焦点。大理石墙面周边框架以镜面镶嵌的设计独具匠心，让人眼前一亮。

3. 方格拼色地毯让整个空间活泼生动起来，加上一盏华美的吊灯和玻璃面的圆形茶几，方圆的交融让整个客厅变得完美。

4. 这是一个带有中国传统文化气质的客厅，让我们不禁想象主人的儒雅风范。黑色皮革沙发搭配朴素的棉质抱枕，高档却不奢华，沙发背景墙上一幅写意水墨画，彰显主人的国学素养。

1. 开放式的客厅让空间与外界有了更多的连结，让自然景色来做客厅的天然背景，赏心悦目。两只桃红色的沙发椅和抱枕让素雅的客厅变得娇艳生动，玻璃茶几上几只淡紫色的容器透着温润如玉般的光泽，与一旁朴素却娇艳的淡紫色小花交相呼应。

2. 亚麻灰的沙发和同样色系的抱枕是一对都市优雅拍档。左边墙面一幅编织拼色艺术挂画颇有艺术气息，右边墙面上，大小不一的四边形镜面不规则拼接成一幅装饰画，极具时尚创意，令人感叹主人的独特审美和艺术品位。

3. 中式的黑木茶几和落地窗设计清雅俊逸。简约的地板和沙发大方含蓄。三幅水墨丹田画置于沙发背景墙上，成为文化和艺术品位的代言。

4. 纯白色立体几何天花一直延伸至电视背景墙，仿佛置身于科幻馆，创意非凡的设计让这个客厅多了几分前卫时尚的个性。

○ 1. 优雅白是家居装修永远不会错的选择。当纯净的白色成为空间的主旋律，随意搭配，都可以尽显优雅。亚麻色的沙发时尚温馨，旁边黑白斑马纹的沙发椅独特生动。一幅同样黑白系的艺术挂画为纯白的沙发背景墙增添艺术气息。加上灯光在墙面的投射，飘逸的气质弥漫在整个空间。

○ 2. 黑、白、橙的色彩组合让整个空间纯粹得似一个空灵的梦境。简约的沙发款式如宫廷般的大气优雅，没有任何过多修饰。墙上一张巨幅黑白艺术画，将女性身体的柔美曲线带入客厅，艺术气息悄然弥漫。

慢曲轻舞 Soft Dancing

家本就应当是世界上最温馨、最包容、最浪漫的地方。就像一只乐曲，贝多芬让人震撼，莫扎特使人神往，巴赫令人动容……所有艺术都是伟大思想的集合，但家里不需要太多思考，家里只需要闲适。与相爱的伴侣，拥一支慢曲，轻舞徜徉在客厅，生活的滋味已然足够。

1. 所有能把人从美梦中猛然惊醒的东西，所有不协调的搭配，都不应当在一位浪漫主义者的客厅中。白沙发，灰墙壁，黑茶几，慢慢过渡，轻轻显影。

2. 温暖的、柔和的光线下，是温暖的、柔和的色彩，一切都以闲适和实用为前提，设计师没有采用繁复的装饰，整体显得干净大气。

1. 阳光不能拐弯，哪怕采光优良的房间，也无法处处享受阳光的浸润。但是，我们可以自制阳光。阳光在淡淡的原木色家具中洒落，迎接忙碌之躯的，是草木清新的气息。

2. 坐在淡绿色的布艺沙发中，和着柔和的光线，扫一页书，看一眼窗外的天水一色。

3. 细细看去，其实每个角落都与众不同，都潜藏着与众不同的精心设计：墙上的花纹、镂空的圆凳、橱架里精心放置的瓶瓶罐罐……但设计的目的就是让它们只在该出现时出现，绝不会猛然跳出破坏整体氛围。

1. 多么朴实无华的客厅啊，到处都是不显眼的平缓色调——除了窗帘和电视墙之外。这窗帘，是哪家仙女的彩练呢？这墙面，又是哪位大师的调色盘呢？

2. 休闲是件简单的事情，用不着大费周章，坐在摇椅上沐浴暖光才是正经事。木色交杂的地毯，和穿着同款外套的抱枕，带来古朴而不失俏皮的视觉体验。

○ 1.淡淡的原木色躺椅，浅绿碎花靠垫，合在一起，仿佛钢管钻出土层的娇嫩小草。墙角的油纸伞，也在静静等待着良人降临，轻轻拈起，立在佳人肩头遮风挡雨。信手妙笔，何处不江南。

○ 2.田园是城市居民永远的梦，不分年代，不分国家民族，皆是如此。与当下过分追求的奢华铺张相比，田园风格独有的简单而不单调反而成了难得一见的亮点。

○ 3.抬头看见一朵怒放在屋顶的花灯，低头看到一盆娇艳欲滴的水仙。

1. 同样是花色装点，有的"花"开得具象而真实，这间客厅中的，则开得写意而奔放。既然真花已有之，就没有细细描摹于他处的必要，让布艺和墙纸上的花飞起来吧。

2. 粉红粉绿粉蓝，总之就是粉嫩。小空间就要有专属于个人的小性格。

3. 简单到省却吊顶的繁文缛节，仅仅凭借碎花的布艺沙发，和摆放与壁挂的种种装饰，就造就了一个无比可爱的家。

1. 梦露在你家沙发上躺着——
这还不够浪漫吗? 虽然处处
可见灰黑色, 但清爽简洁的风
格并没有改变, 改变的只是表
现浪漫的方式。

2. 巨大的暗红丝绒沙发, 就
像情人的烈焰红唇。醒目的色
彩却并未冲淡整个房间的恬
淡气氛, 相反, 还与背后墙上
仿佛不经意挂满的老照片共
构蒙太奇。

3. 人们在提到"世间冷暖"
这个词时, 其实总是在说"冷"
的这一面, 好像冷酷会完全挤
占温暖的生存空间一般。其
实, 生活根本不会"冷酷到
底", 暖暖的光线总会恰到好
处地弥漫至每个角落。

阳光透过巨大的落地窗，洒进客厅。室内的空间，柔和而纯净的生活态度，让阳光这奔走了几亿公里的外来客，仿佛也回到了家乡。偶尔点缀的黑色椅背和吊灯，仿佛是阳光的影子，是温暖的必要调剂，就像万顷碧波里的一叶扁舟，茫茫雪原中的一缕炊烟。

1. 退一步、收一角，即可海阔天空。楼梯划出的美妙弧线，将原本僵硬而粗粝的线条瞬间幻化成柔美的曲线，墙壁和扶手也随之成为艺术家发挥想象的空间，更为电视柜找到了再合适不过的家。无论从哪个角度欣赏，精美的弧度都是不变的主题。

2. 黑、白、灰，三位固定的搭档、天生的组合，却总在设计师的妙手之中焕发出夺目的光彩。

1. 大面积色块的设置永远是个难题，尤其是黄色这么明亮而鲜艳的颜色，稍有不慎即喧宾夺主，化作色彩中的噪音。可是，总有人能让色彩这匹烈马顺从得如同羔羊。
设计师充分利用本不宽敞的空间，用色彩和光线填充了室内每一个空虚的角落。

2. 不论房间设计成何种模样，其最终的使用者都是房子的主人。有时，与其让设计师绞尽脑汁，勾勒出自己心目中最完美的图景，倒不如用最简省的笔画素描框架，把最绚烂的部分留给房主填补。

○ 这不是一间客厅，而是一片丛林。被干繁茂的参天大树，荫蔽着低矮却同样葱翠的灌木。仿佛自然生长而出的桌椅，甚至还在枝头开出一片片、一簇簇清纯的小花。

○ 丛林过后，我们迎来的是原野。广袤无垠的大草原上，最吸引视线的无疑是随风飘摇的小野花。小花依傍的砖墙，仿佛真的屹立在原野之上，钟声蝉鸣，嬉笑篝火，都在这片瓦之中。

华屋美庐 Gorgeous Family

不论年轻新贵还是世家华族，对奢华品位与高贵品质的追求总是共通的，在他们心中永远保有一个欧式古典的梦——富丽堂皇、金光灿灿、精雕细琢，力求每一个角落不遗余力地展示细节之功力。也没有什么比华丽的装饰、浓烈的色彩、精美的造型，更能凸显主人气场的特质了。

○ 白炽灯光可以渲染阳光的温暖，更能表现雍容的光华。让家具沉浸在绝美的弧度和考究的做工中，让饰物充满古典气质的形象感，一个舒适而典雅的客厅就此诞生了。

1. 鲜红的现代沙发，搭配的却是中世纪的雕花；硕大的玻璃隔板上，点缀着贵族纹章般隽永的图样；华丽却不失古朴的餐厅，伴着外形简洁的厨房……高贵的生活不一定需要纯粹的古典，更重要的是，一颗文艺复兴的心。

2. 穹窿中映出的，是来自圣灵的荣光，照亮整间客厅。近乎奢侈的空间，挑高出两层优雅的弧线。

3. 看起来就觉得无比舒适的大沙发，精美的壁纸和吊灯，共同营造出简单而不保守的古典空间。

○ 1. 色彩的糅合与对冲，却制造出"浓妆淡抹总相宜"的
效果。看到此情此景，不禁让人猜测，这里住着的究
竟是贵妇还是女王？

○ 2. 华丽的吊灯是古典气质永恒的代言人，难得一见的
是金属质感的吊顶。

○ 3. 环绕的框架不仅没有局限空间，反而扩大了客厅的
视觉尺度。洛可可风格的雕饰，是整个空间法国特质
的最好代言。

○ 1. 嵌着黑色图样的沙发，几乎是其反色样本的地毯，这两者想不融为一体都很困难。

○ 2. 对世家大户来说，壁炉是一家人共享天伦、其乐融融的重要场所，不论室温调控如何得当，或是灯光多么和谐，都不能掩盖原始的火焰发出的、最诚挚的光与热。

○ 1. 三个沙发，三种模样，却让人在惊异之余完全找不到不谐之处。吊顶与电视头顶的图样，一阴一阳，完美地互相反衬着。巧妙利用错层结构，移步换景的同时，为客厅创造了绝佳而不同凡响的欣赏视野。

○ 2. 即便古典而华贵，同样不会抛弃永恒不衰的原木色泽，甚至以之为基调，打造一个华贵又古朴的家。

1. 特殊的吊顶设计，让整个天空都在闪着金光。华丽的对称，是向中轴线的致敬。

2. 圣母注视之下，一切自然庄重肃穆。水晶吊灯低垂而下，是大厅挑空而不中空。

1. 高贵的黑与忧郁的蓝，仿佛大洋深处看似微漾实则力量巨大的潮流；纯净的白与深邃的褐，似那雪山极顶上，纵横交错的经年不化之雪与化石堆叠之岩。

2. 只有最简洁的华丽，才配得上如此历久弥新的墙。

3. 满墙的画作和照片，是主人热爱生活的例证。同样地，鲜花与摆饰也能证明。

1. 丝绒质地的沙发表面带来绝佳的手感和触感，而紫红、桃红、暗红、香槟金几种色彩的相互映衬，打造出一个华美的空间。

2. 东方与西方，各有自身古典的气质。有时，它们能够走到一起，在雕梁画栋与浓墨重彩中共生不息。

3. 斯是小户，唯吾家馨。整个空间仿佛在默默地为人们摆出大大的喜字。

空间几何 Space Structure

时间是万物的尺度，空间是时间的尺度。我们无法抓住时间，却可以在方寸之内拿捏空间。几何图形是人类美学史上最伟大的发现之一。自几何勃兴而来，用最简单的图样组合出的美妙画面，早已成为人类生活的必需品。

一个优秀的客厅设计，需要尽可能宽敞的空间和良好的采光，为主客双方制造轻松而惬意的氛围。简单而纯粹的几何图形，佐以轻快而明亮的色彩搭配，必是实现这一目标的不二法门。

1. 透过落地窗洒入室内的光线，使原本严肃的直角变得柔和。方桌圆凳，方圆之间，瞬间让人气定神闲。

2. 这本就是一块最适合几何图形生长的土壤。规则的多边形外廓，与潇洒的立柱，为其后简约而大气的空间利用打下伏笔。细细看开，室内所有物品均由最简单的几何图形组成。

1. 为什么貌似最呆板固执的方形，却一直受到所有设计风格的青睐呢？其实，除它之外，还有哪种图形能毫无棱角地完美拼合在一起呢？

2. 倾斜的屋顶立面，怎能不让人产生一种恍若"倾泻"而下的快意。"倾泻"而下快意，构成了整个设计流畅的主题。

1. 此客厅设计，乍一看，可能会有人觉得过于空旷。然而，端详那两朵像蘑菇一般的桌几，你回想起，空山新雨之后的山野，难道不就应当这般纯粹吗？

2. 壮观的挑空客厅中，飞流直下的墙壁立面，仿佛律动的波浪线条，让坚实的墙面在人们眼中流动。

3. 一堵厚实的电视墙，却并没有堵住两端通透的视线。把必不可少的笨重东西，变成灵活而绝妙的装饰，乃居室设计的高境界。

○ 1. 条条框框，并不一定只是束缚。对每一个格子的完美设计和
演绎，以及后期户主个性化的利用，反而会创造出最自由最
具开放性的效果。

○ 2. 琼楼玉宇并不是世间最杰出的住宅，蜂巢才是。无法再完
美的正六边形堆叠在一起，用最少的材料构建出毫无空隙却
最宽敞的空间。人类并不需要住在蜂巢中，但正六边形的完
美可以在居室空间中予以体现。

○ 3. 高迪说：直线属于人类，弧线属于上帝。最自然的几何图
样从来都不是横平竖直的。水流击石圆润地破碎、流转，就
像抽象画的浓墨重彩，才是自然给予设计永不枯竭的灵感。

1. 谁说音符不是几何图形，谁说几何图形不能有韵律？音符的带入感，创造出室内音乐般的轻松舒适。

2. 中式竹编嵌入背景墙面之中，使原本方正的空间瞬间变得灵动。

3. 所有显眼处的尖锐直角都被打磨成弧形，所有可能给人压抑感的障碍也就被全部扫除了。

4. 规整的吊顶与曲线明显的地面及家具，仿佛一幅"天圆地方的图景"。当然，主客在天上的圆中。

○ 1. 凹凸有致，方圆错落，色块搭配大胆却不夸张，每一处看似随意安排的细微空间，却都能得到最充分的利用。

○ 2. 橄榄形的茶几，多边形的回廊，垂悬而下的水晶球，甚至吊顶上都方中有圆。几乎所有常见的几何图形在这间客厅中和谐共生。

○ 3. 电视墙巨大的透空面积，一下子将居室中两块公共空间连为一体。

○ 4. 贯穿空间的巨大横梁，照理说也会带来巨大的压抑感。可在灯光的映衬下，横梁恍若无物，变身暗色的虚空，平添了几分神秘感。

1. 严格意义上来讲，这几乎不能算作"室内"设计，一半的墙壁变作敞开的空间，直接采撷自然之精华。

2. 线条切割空间的过程，其实就是为空间创造重组的机会。

3. 从一端望向另一端，整间客厅仿佛就是几道平行线，所有附属品都依照轴线画好的方向，寸步不移。

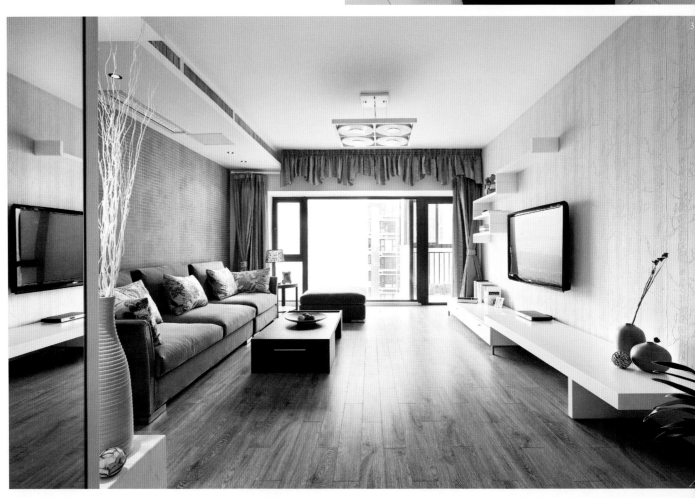

○ 1. 不难想象，设计师为打造这间客厅下了多少工夫。四处隐藏却引人注目地起承转合，恰到好处地扩大客厅空间的利用面积。

○ 2. 假如以最简单的语言概述这件客厅，那只需要一个词——"纯粹"。纯粹的木质，纯粹的石材，纯粹的色彩，纯粹的空间。

1. 依然是最纯粹的图形，最纯粹的配色和最纯粹的空间。这间客厅是一次示范，告诉我们寥寥几笔就能达到多么惊人的视觉效果。

2. 通篇淡雅的色调中，不需要什么东西自我突显，因而也不需要复杂的结构，清新就好。

3. 客厅展示了一个活泼而色彩鲜明的未来。方寸之间，一切具备，甚至还有精心设计的吧台吧凳。

1. 弧线与直角，多边形与线条，粗糙与光滑，凸出与凹入，明亮与暗调……都可以在这间客厅中找到与之对应的成分。

2. 一个空间拥有如此多个平面，恐怕是设计中棘手的难题。与其想方设法予以回避或改动，不如让它们自然呈现，用简单换美感。

空山回响 Echo in Hills

久居大都市中的现代人，驱车几百公里也不一定看得到巍巍青山。即便抓住转瞬即逝的黄金周，奔袭千里，试图亲近名山大川，所得也不过是在人丛中望一眼遍布斧凿之气的人工园林。真正自然的山在哪里？能让人独坐山巅大声呼啸，聆听遥远回响的空山，究竟何处可寻？

○ 1. 沉稳的茶几与沙发，仿佛敦厚的山石。不需要过多的装饰，山势自在客厅中。

○ 2. 墙面的青砖图案，沙发的石材效果，会否给人一种隐居深山的感觉呢？

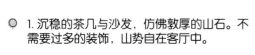

◎ 1. 相较于中式的山林隐居，这间客厅就显得西方一些了。背景墙面的隔栅木饰，仿佛山间的手造小屋，木板迭设，榫卯相接。

◎ 2. 放弃华贵与奢靡的珠光宝气，这间客厅恭请竹林入户。将竹林的意境引入现代化的居室，与华美的沙发形成中西混搭，别有风味。

○ 1. 如果想要在装修简洁的家中营造地中海风格，选用蓝色和白色混搭就能轻松实现——不需要马赛克装饰，也不需要繁复的墙面设计，蓝色沙发轻松成为视觉亮点。

○ 2. 向窗外望去，显然很难有哪间客厅更担得起"空山回响"这个名号了。览如此之境，室内自然需要精心设计，予以配合。

1. 在橙色背景的映衬下，坐在如此居室中独自啜饮，踩着恍若真正土壤的地毯，闭目静思，山林不远。

2. 很多时候，只要能够开窗透绿，室内空间就会不自觉地向着自然的方向融合。

3. 极简的装修并未改变空间的基本结构，剩下的完全由家具与饰品填补。一列窗景排布墙边，亦画亦景。

1. 一方面，是被省略的吊顶，直截了当地突出房屋本身的粗犷；另一方面，是收纳安好的电视音响。舍与予，放与收，是智者的选择。

2. 沉稳的茶几和沙发，雅致的地毯与窗纱。简单的协调其实最为可贵。

3. 所有空间都并非独立而无条件的存在。有了光，才有真正的空间。当空间融入光线当中时，其界限随着无限的光而延伸了。

1. 简洁明了的宽大空间中，包容着色彩鲜活的童趣。让成熟稳重归于一角，把广大的空间留给纯真吧。

2. 这仿佛是一间处于阁楼中的客厅。不需任何装饰，单凭光影就可描绘出美妙的图景。剩下的一切都是附庸，简单而温暖就好。

1. 同样的开窗透绿，这间客厅的绿意却显然更浓。既然好景常在，又如何能让它虚设。室内陈设不需繁复，简单地映衬即可。

2. 碎花窗帘和壁挂纹饰，仿佛山花烂漫般，开放在客厅之中。

1. 看卷了青葱的山林，就要到茫茫雪山中找一下别样的情趣。纯白的基调，简单的配饰，吊顶仿佛起伏山峦的模样，让人暂时忘记色彩，眼中与心中只有一片无暇的雪原。

2. 山腰庭院之中，两位智者，抚掌听松，品茗博弈，面朝山林，日暖人心。

3. 只要有落地窗存在，一间客厅的设计，就只有一个重要的问题需要考虑：如何配合溢满四周的阳光。阳光是世上最平淡却最耀眼的东西，用同样的平淡去收纳这种耀眼，是智者在落地窗前沉思的结果。

木色岚山 Colour of Wood

当城市的钢筋水泥混凝土铺天盖地而来，脚下是城市的马路，头顶是城市的烟雾，人们在亦步亦趋的进化中与自然渐行渐远。而家让我们在钢筋水泥的包围中找到了一条通往自然的路。原木的清香带来森林的气息，仿佛来自远山的呼唤，让我们留住生活的木色醇香。

○ 东南亚风格的家居是亲近自然的有效途径。入眼是阳光和木色交融而出的一篇美妙乐章。完整的木质天花点缀两盏简单光源，光滑的地板上一张藤编草席简单铺就。牛奶般纯美的沙发及抱枕与原木的芬芳相得益彰。

1. 深褐色的原木一根根铺就成中式的屋梁，垂下一盏优雅的吊灯。一整面电视背景墙以中式文化屏风蜿蜒而出，木色茶几沙发配以中式绣花抱枕，可捧卷品茗，雅致从容。水墨山水画挂在青砖的墙面之上，一室国学风范诠释最美中国风。

2. 古老的贵族庄园总有最精美的桌椅和蕾丝镶边的抱枕。一根根红木纵横交错着铺陈在纯白的天花上，形成一道古老的风景。客厅的桌上一盆斑斓的小花散发着田间的芬芳，一本书，一杯奶茶，就是 一个温暖缱绻的下午。

1. 奶黄色的沙发和座椅犹如奶油芝士般香甜诱人。碎花的田园壁纸甜蜜温馨，宛若少女的发带。四根黑木交叠在天花上，垂下一盏精致的复古吊灯。

2. 木质桌椅搭配素雅的地毯，一整面沙发背景墙设计成木质窗棂的复古手法妙不可言，大气美观。同样真实仿古的木质屋梁设计似乎在纪念一段逝去的光辉岁月。宛若风水罗盘的吊灯古朴简约，也让整个空间更加古朴动人。

3. 木凳、木桌、藤编沙发床，一个亲近自然的家总是给人以质朴温暖的感触。一方温暖的毛毯将原木的古朴演绎成家的柔美，只要我们愿意，整片森林都在家里。

1. 来自东南亚的风情家居总是能够将自然的淳朴与人文的优雅完美结合在一起。木质天花、木质桌椅、木质橱柜、木质楼梯、木质挂帘，统一的质地和色彩让取材自然的家居更加宜居。一盏椭圆形吊灯洒下温暖的光晕，将客厅的温馨气氛点燃。各种朱砂色的陶罐器皿零星放置在桌凳之上，向人们诉说一种低碳生活的理念，一如墙上两幅莲花挂画，香清溢远。

2. 按照色彩心理学的角度来说，鹅黄色能够给人以温馨甜蜜的感受。白色的复古廊柱设计让客厅多了几份宫廷的高大雄伟之感。客厅和餐厅不设明确的分割隔断让视野更加开阔，空间也更加通透。精致桌脚和碎花墙纸营造一个梦幻田园之家。

3. 条纹红木拼接成一块完整的背景墙面，与木质地板相衔接。四幅黑边框装饰画与红木颜色完美搭配。小巧别致的茶几上放置着紫砂茶杯，一种生活情趣不言而喻。古朴遒劲的花枝与木色暗合，让客厅更加古色古香。

○ 1.巨幅的油画奠定这个客厅空间的艺术气氛。高大的壁炉设计将沙发桌椅聚拢在一起。根根横木屋梁垂下一圈仿烛光的吊灯,温馨点点。

○ 2.一整面如浮雕般的木质天花纵深整个客厅,古朴气派。壁炉两旁的连墙柜式设计颇具特色。一扇不设门窗的通道让空间更加通透。

○ 3.从木质楼梯走下来便是一个简约的客厅。黑色褶皱落地窗帘将外界的嘈杂挡住,留出一室清净。罗汉床式的沙发柔软舒适,橘色的暖光让心情更加惬意。

○ 4.巨大的连墙木柜以楼梯的起伏造型递进铺排,并选用不同的原木色,在提高了空间利用率的同时兼具美感。

1. 木质边框的镜子简单地倚墙
而立，旁边两只东南亚风情装
饰花瓶。沙发后一扇小窗的设
计新奇别致。木质窗框、木编
窗帘，朴素至极。壁投式光源
在木窗和镜子上方投下橘色光
影，让客厅更加温馨。巨大的
空格式展示柜从墙角延伸至两
面墙，简单放置几件装饰品，
一染古木的芳泽。与廊柱相连
的木质长桌上放置着书本和艺
术人塑，生动独特。天花上的
一盏盏嵌入式小灯如点点星辰，
闪耀在客厅的上方。

2. 抽象的巨幅泼墨油彩挂画点
缀在墙面上，画的上方设置光
源照亮饱满的油彩。极具艺术
张力的色彩充满了热情和艺术
气息。角落里一盏上下投射光
线的立式台灯运用光影制造木
质墙面的又一处风景，和两边
的油画连成一道风景线。与墙
面衔接的木地板仿佛上了一层
蜡般光洁平整。深灰色沙发和
抱枕在原木清香的怀抱中悠然
等待远方的客人。

○ 1. 红木沙发桌椅简约高档，绘有花鸟风景的地毯铺陈在
客厅的地面。牡丹刺绣抱枕放置在沙发上。中式风情
袅娜多姿。

○ 2. 原木的沙发桌椅与原木色的编织台灯及吊灯相映成趣。
暖调的灯光与同样暖调的原木色共同构筑起一个温馨的
客厅。

○ 3. 东南亚风情的沙发床、泰式抱枕仿佛散发着柚木的清
香。巨幅牡丹刺绣绽放在电视背景墙后，廊柱和门楣的
设计让空间更具民族风情。

○ 4. 在内嵌光源的映照下，纯白色的天花给人纯净感，整
个空间渲染得朦胧迷人。几根木饰简单点缀在纯白的背
景上，优雅之余多了几分淳朴。

○ 1. 一整块红木天花垂下东南亚风情的特色吊灯，向上延展的空间让人不会感到压抑。沙发背景墙上三幅木饰版画风情古朴，极具异域风情。

○ 2. 九宫格式的木质天花厚重大气，铁质复古吊灯精致婉约。古老的贵族庄园气质让整个客厅回味悠远。

○ 3. 做工粗朴的木椅和电视桌保留了自然原木的自然气息，不事雕琢的朴素。雕花窗棂和拱形门的设计都让空间多了几分园林的古朴。多处点缀的绿色盆栽让屋内充满大自然的色彩。

○ 4. 原木式的框架构造让整面天花如泰山压顶，大气古朴。框格内的白色光源闪烁如点点繁星。碎花欧式沙发桌椅和一整面墙的接墙木柜，尽显复古的尊贵。

◎ 1. 红木家私精巧雅致，向人们展示一个书香门第的品位。两扇木质雕花侧门极具明清风韵。宽敞的阳台充分采光，窗棂下一排木饰裙线朴实无华，花瓷吊灯让自然古韵更加深厚。

◎ 2. 一块仿佛刚从古木上切割下来的原色木板，就这样成为客厅的茶几，不修边幅的边角和纹理是如此质朴无华。巨大的落地窗外是城市的万家灯火，而屋内的两排红木书架，让岁月在阅读品茗的惬意中悠然停驻。

◎ 3. 木质的屋梁设计以优雅的纯白色示人，黑红的经典搭配让沙发和地毯成为一体。轻灵的藤椅削减色彩的隆重，增添几分质朴气息。

1. 整个客厅入眼全是大地色系的质朴。淡咖色的原木地板和沙发背景墙自然衔接，让棕色皮革沙发的品质更加突出。灯光淡淡地晕染，照亮木质纹理，如同岁月的皱纹。

2. 藤草编织的手工座椅、放置陶器的柚木小桌、席地而铺的草席、墙上的手工拼贴画，这些取材自然的美丽家居让心情更加纯净。墙角一只鸟笼似乎有夜莺飞出，婉转啼鸣。一张古琴置于桌上，弹琴低唱，亲近自然的生活让我们找到生命的精神坐标。

1. 宽敞的空间并无过多装饰却更显优雅清净，这是空间留白的艺术。横木造型的天花吊顶让空间漂浮森林原木的芬芳。绿色盆栽的点润，让木色更纯，自然更近。

2. 利用台阶的设计分割出一个单独的区域便成了一个兼具展示功能的私人书屋。淡绿色的背景墙让眼睛更舒适。东南亚风格的木质茶几放在干净柔软的地毯上。打开一本杂志，或坐或躺，干净舒适的家让心情在午后飞扬。

3. 巨大的木质拼接长桌成为这个客厅的焦点。纯白色的花球点缀在中间，颇为素雅。深色的毛绒地毯与木色契合，让偏冷色调的客厅顿时温暖起来。

○ 1. 木质茶几搭配纯白色桌布，与纯色沙发相呼应。铁质烛台
式复古吊灯高雅浪漫。沙发后一块巨幅装饰壁毯悬于洁白墙
面，极富民族风情。一扇假式拱形木门装饰让墙面更加生动。

○ 2. 黑色支架钢琴旁，两幅色彩浓烈的油画挂于木色墙面上，
简单的木桌椅让空间更加优雅纯粹。

○ 3. 木质墙体连贯空间的两端，白色雕花镂空隔断设计优雅灵
动，避免了实体墙的沉重，让空间更加通透。

○ 4. 白色的墙面和天花及沙发让空间更加纯净，与对面的木质
墙面及地板完美呼应，相互衬托品质。玻璃茶几的选用让两
种纯色构筑的空间更显轻盈。

○ 1. 沙发的摆放将前后两个空间巧妙隔
　　开，让空间的景致更有层次性。沙发
　　的靠背以木质浮雕花藤做装饰，独具
　　匠心。东南亚风情的壁画装饰也让民
　　族风情更加浓郁。

○ 2. 采用木帘隔断作为电视背景墙可谓
　　一举两得。非实体的隔断设计透光且
　　更具装饰性，让空间不会显得压抑。

○ 3. 红木的颜色与西瓜红抱枕增添室内
　　的喜庆气氛和民族风情。淡雅的莲花
　　水墨画让沙发背景墙更具人文气质。

1. 狭长的客厅空间容易令人感觉相对宽度过窄。于是纯白色的选择会让空间视觉上更加清新舒适。砖体墙的设计让空间多了几分乡村气息，同时墙面切割出的小巧置物柜，让空间更加明亮。

2. 米白色的电视背景墙淡雅清新，竖条纹里带有装饰性。木色电视桌上简单摆放一些装饰品，让室内更有家的温馨感。精致的吊灯和立式台灯让客厅更加华美。

3. 淡蓝色的沙发背景墙清新淡雅，下方的木质裙线设置成简单的置物台，摆上一盆白色小花，木色与鲜花，让室内有如田园般清新。绿色的小吊灯简约别致，与绿色的盆栽形成色彩上的呼应。

○ 1.木质的桌椅和砖体墙面让空间似乎过硬，而纯棉抱枕和坐垫大量放置柔化了材质的冷硬感，让客厅更柔和。

○ 2.纯白的主色调让空间唯美温馨，木质屏风的隔断设计代替实体墙，新颖独特，同时更有艺术气息。巨大的落地窗外风景如画，因此室内的色彩已无需花哨。

1. 一间带有原始森林气息的质朴客厅。最简单的沙发款式和颜色，仿佛树根雕成的茶几还带有原木的形状和纹理。

2. 黑白相间的低调空间。经典的色彩搭配，永远的优雅气质。一盏吊扇让空间变得更加淳朴。

3. 楼梯状的书柜旁，一张席地沙发，如同一个温暖的小窝，等待主人坐在上面，看书，喝茶，享受窗外的阳光。

4. 中式八角吊灯照亮一室的风雅。一幅水墨字画遒劲大气，让整个客厅浸染名士风范。

○ 1. 古老的木柜，斑驳的表面如同素月风霜的痕迹。两盏复古铁灯的镶嵌更显古朴韵味。

○ 2. 一块简单的木板捧起电视，整面背景墙只有墙体原本的纯白色。一个返璞归真的空间。

○ 3. 柔软的毛毯铺在沙发脚下，在原木的地板上。这样一个简单舒适的客厅，让心情时刻舒适，在每一个淡淡的午后。

○ 4. 黑色的木椅搭配墨绿色的坐垫，深灰色的沙发方方正正，纯白的桌面上一丝不乱。越是简单的空间越能体现大气优雅的风范。

○ 1. 奶白色的砖体壁纸让墙面有如田间的屋舍，清新淳朴。墙体内分割出的五层小储物柜实用美观。奶咖色的地板和桌椅纯净如田间的露水。

○ 2. 小清新的客厅空间，弧形的沙发造型简约可爱。白色圆形地毯俏皮温婉，与长木腿的小圆桌相辅相成。墙上三幅人物速写似乎在讲述这个温馨之家的故事。

时空漫步 Antique Encounter

剪下一段烛光，让我们一起找寻那些温暖如丝的旧时光。当家变成回忆的巢，孵出一颗颗记忆的卵，留给长大后的我们祭奠，留念。当我们拼命想要留住逝去的流年，家便成了我们回忆的影像，点点滴滴都是梦的剪影，心的独白。暖风抑或寒冬，都是生命的给予。你不用向她诉说过往，走进你的家，那里都是你的眼泪和美丽。

○ 1. 镜子是种微妙的运用。当灯光与镜面在空间碰撞，光影的魅力便开始呈现。浮光掠影不只是水的专利，给你的家一面镜子，便是打开了一扇奇妙的窗，让你在神秘性感的光影作用下瞥见自己年轻的旧时光。

○ 2. 挑高的空间总有一种高雅的格调。一张原木板材，其岁月的纹理所代表的质感本身就已是最好的装饰。两侧对称的壁灯在绿色盆栽的掩映下发出幽幽的暖光。紫罗兰色的沙发和地毯让一种高贵优雅地酝酿。

1.格子状的展示柜与竖条纹状的木片拼接为一体，成为一面纷繁交错的隔断墙。木片中间还以镜面镶嵌，令人瞬间恍惚，想象隔断的另一边是否依然是个雅致空间。

2.当欧式风情的落地窗帘遭遇中式风情的红木背景墙，只能用灰色的沙发来沉淀浓烈的风情。白色间隔木条拼接而成的电视背景墙中间以镜面衔接，宛若悬浮空中，翩然若鸿。

3.圆形金属质感的茶几制造客厅的视觉中心。山羊角的装饰仿佛野性的呼唤。抽象油画的电视背景墙色彩浓烈，与极具现代酷感的立式台灯形成强烈对比。

1. 梅花盛放的画卷和镜面拼接成完整的沙发背景墙，独特的东方情怀美不胜收。拱形半圆的装饰设计配以垂坠质感的帘幕，整个电视背景墙犹如小桥流水的风景画卷，怡情怡心。

2. 富有层次的客厅景致，分层呈现。黑色沙发和茶几的选色充满大气之美。粉色落地纱窗轻柔飘渺，给人以浪漫旖旎的感受。造型独特如松果的纯色吊灯美丽耀眼。

3. 将近四米的挑高空间，以木质天花为顶。巨大的落地窗外绿色风景如画。台球桌和客厅之间不设隔断让休闲和待客融为一体，大方得体。

1. 狭长客厅空间的尽头，紫色落地窗帘营造高贵神秘的质感。素净的色彩让空间有视觉扩大的效果。长臂立式台灯简单利落，营造出一个简约温馨的空间。

2. 彩色条纹拼接的桌布有如一抹绚烂的阳光，让米白色的沙发和黑色的地毯顿时鲜艳明亮。

3. 内置光源的立式台灯造型唯美，犹如美人鱼尾，晶莹剔透。大方简约的沙发以造型独特的圆形茶几形成聚焦，抽象的艺术挂画让整个客厅艺术气质斐然。

1. 深褐色的电视背景墙搭配灰色沙发，浅棕色的纹理沙发背景墙和棕色框架挂画，整个空间有种古老的中式怀旧情怀。

2. 暗调的客厅空间。原木背景墙和地板色相统一，如爵士般优雅从容。楼梯口的方位设置简化了空间，楼梯后开放式空间让客厅的视野更开阔。

3. 两幅银质边框挂画彰显古典气质。深色沙发和地毯雍容大气，纯白色天花以光源照亮，中心一盏水晶吊灯精致华美，美轮美奂的光影流转让素雅复古的空间更加优雅动人。

4. 长框木版画装饰素白的墙面，三盏纯白色壁灯与水晶吊灯相映成辉。

1. 造型特别的吊灯极具时尚现代感。双层的落地窗帘朦胧飘逸，将窗外天与海的蓝收入视野。黑白挂画复古而又时尚，带有现代美式风情。

2. 红色和白色是一对动感靓丽的色彩组合。灰蓝色欧式壁纸清新素雅，银色边框挂画复古风情，画中的水墨牡丹又颇具东方情怀。

○ 1. 红色渐变天花设计热情饱满，让纯白色调的客厅顿时靓丽生色。长长的客厅空间两面均是开放式落地窗，让室内的光线更加充足。轻薄的白色纱幔让空间更加飘逸灵动。

○ 2. 经典灰色总是给人以优雅大气的感受，在客厅的色彩选择上也永远不会出错。橘色水晶吊灯投下暖色光，让空间更加温馨婉约。

○ 3. 一排银白色的橱柜靠墙而立，和白色的墙面融为一体，宛若积雪消融的春天，清新之气扑面而来。黑色的沙发，灰色的沙发背景墙，经典而时尚，一方木质茶几简约大方，与灰白相间的地毯形成色调上的统一。抽象人物画的点缀让空间俨然成为一个黑白流韵的艺术空间。

1. 纯白色的墙面和灯光雾化了整个客厅周边的背景墙面，让空间的界限模糊化，向四周延展。不规则格子分割展示柜宛若悬空而立，精致大方。木质地板搭配灰白沙发，舒适惬意。

2. 白色的落地窗与墙面在阳光中美妙地交融，一盆青色盆栽在窗前，若早晨轻雾中的一抹绿色。黑色沙发高高的靠背设计和大大的抱枕给人以舒适温暖的感受。舒适的客厅给人缱绻慵懒的享受。

3. 米白色的纯净空间，从上到下的完美统一。搭配造型精致的玻璃茶几，如水般的家居空间让每一次归家都成为心灵的洗礼。

4. 蓝灰色的沙发以紫罗兰色的弧形图案地毯为中心聚拢，形成视觉沉淀。纯白色的电视背景墙搭配镜面边缘让空间更加透彻。

图书在版编目（CIP）数据

宾至如归：客厅 / 深圳市博远空间文化发展有限公司 主编 . – 武汉：华中科技大学出版社，2012.5
ISBN 978-7-5609-7831-4

Ⅰ . ①宾… Ⅱ . ①深… Ⅲ . ①客厅 – 室内装饰设计 Ⅳ . ① TU241

中国版本图书馆 CIP 数据核字（2012）第 055437 号

宾至如归：客厅　　　　　　　　　　　　深圳市博远空间文化发展有限公司　主编

出版发行：华中科技大学出版社（中国·武汉）
地　　址：武汉市武昌珞喻路1037号（邮编430074）
出 版 人：阮海洪

责任编辑：段自强　　　　　　　　　　　　　　　　责任监印：秦英
责任校对：段园园　　　　　　　　　　　　　　　　装帧设计：百彤文化

印　　刷：深圳市建融印刷包装有限公司
开　　本：889 mm×1194 mm　1/16
印　　张：5
字　　数：40千字
版　　次：2012年5月第1版 第1次印刷
定　　价：24.80元

投稿热线：（020）66638820　　1275336759@qq.com
本书若有印装质量问题，请向出版社营销中心调换
全国免费服务热线：400-6679-118 竭诚为您服务